Bibliografische Information der Deutschen Nationalbibliothek:

Die Deutsche Bibliothek verzeichnet diese Publikation in der Deutschen National-
bibliografie; detaillierte bibliografische Daten sind im Internet über http://dnb.d-
nb.de/ abrufbar.

Impressum:

Copyright © 2010 GRIN Verlag, Open Publishing GmbH
Druck und Bindung: Books on Demand GmbH, Norderstedt Germany
ISBN: 9783640675166

Dieses Buch bei GRIN:

http://www.grin.com/de/e-book/154641/die-bedeutung-und-deren-bewertung-der-
praeventionsmassnahmen-gegen-die

Christoph Staufenbiel

Die Bedeutung und deren Bewertung der Präventions-maßnahmen gegen die Desertifikation als ökologisches Umweltrisiko

GRIN Verlag

Universität Potsdam

Mathematisch-Naturwissenschaftliche Fakultät

Institut für Geographie

Sommersemester 2010

Bachelorarbeit

Die Bedeutung und deren Bewertung der Präventionsmaßnahmen gegen die Desertifikation als ökologisches Umweltrisiko

Name: Christoph Staufenbiel

Studiengang: Lehramt Master Geographie

Inhaltsverzeichnis

1. Einleitung

Diese Bachelor hat den Titel „Die Bedeutung und deren Bewertung der Präventionsmaßnahmen gegen die Desertifikation als ökologisches Umweltrisiko". Diese Bachelorarbeit, welche Bestandteil des Moduls AGG im Masterstudium ist, thematisiert zunächst die Desertifikation im Kapitel 2 als ökologisches Umweltrisiko. Im Kapitel 2 wird kurz auf den Begriff der Desertifikation, die Verbreitung und die Ursachen der Desertifikation eingegangen. Dies ist dennoch ein kurzer Teil der Arbeit, da vor allem die Präventionsmaßnahmen im Vordergrund stehen.

Ab Kapitel 3 fängt der Hauptteil der Arbeit an, wobei im Kapitel 3 auf die Geschichte eingegangen wird und auf die Bedeutung der Präventionsmaßnahmen gegen die Desertifikation am Beispiel der Osterinsel Bezug genommen wird. Der Sinn und Zweck des Kapitels ist es darzustellen, dass die Menschen schon vor langer Zeit bestimmte geographische gefährdete Risikogebiete überstrapaziert haben und folglich der Raum unbewohnbar geworden ist. Es geht darum zu erklären, inwieweit bestimmte Präventionsmaßnahmen, welche damals schon angewandt wurden, heute noch ihre Anwendung finden. In diesem Kapitel wird auch die erste zentrale Fragestellung dieser Bachelorarbeit thematisiert, denn inwieweit bestimmte Maßnahmen gegen die Desertifikation damals angewandt wurden und inwieweit diese auch noch heute verwendet werden. Mit dieser Fragestellung stellt sich auch noch die Frage, in welchem Umfang die Menschen von den damaligen Ereignissen auf der Osterinsel für die Zukunft gelernt haben. Diese Fragestellungen beantworten wir aber nur am Beispiel der Osterinsel, da diese sich gut eignet für die Veränderungen der geographischen Bedingungen vor Ort.

Im Kapitel 4 folgt dann der Kriterienkatalog, welchen wir uns nach langer Ideensuche überlegt hatten, für die Bewertung der Präventionsmaßnahmen gegen die Desertifikation. Dabei fanden wir für die Bewertung der Maßnahmen drei Faktoren zentral, das wären zunächst die „Umsetzbarkeit und Wirksamkeit im Raum", die Frage der Finanzierbarkeit und die Frage der Nachhaltigkeit der Maßnahme. Was genau Nachhaltigkeit bedeutet wird in Kapitel kurz dargestellt.

Im Kapitel 5 erfolgt dann der zweite Teil des Hauptteils der Bachelorarbeit, wobei hier auf die Maßnahmen im Einzelnen konkret eingegangen wird. Als erste Maßnahme wird die Aufforstung, als zweite das Management und Monitoring der Natur dargestellt. Schließlich folgt dann.

Die weiteren zentralen Fragestellungen, welche sich in diesem Kapitel ergeben ist es zu erklären, inwieweit diese Präventionsmaßnahmen umsetzbar bzw. wirksam, finanzierbar und letztlich nachhaltig, sind.

Im Kapitel 6 erfolgt dann der Abschnitt der „optimalen der Methode zur Bekämpfung der Desertifikation". In diesem Kapitel gehen wir der Frage nach, inwieweit es überhaupt eine „optimale" Methode gibt und inwieweit diese bereits umgesetzt wurde.

Letztlich erfolgt im Kapitel 7 ein abschließendes Fazit, wobei nochmal alle Fragestellungen reflektiert werden und geklärt, welche Fragestellungen sich sehr einfach und sehr schwierig nach unseren theoretischen Recherchen und Erkenntnisstand, beantworten ließen.

Dazu nutzten wir als Hauptliteratur vor allem das Buch vom deutschen Geologe Horst Mensching (1921-2008), welcher bereits viel über das Thema der Desertifikation geschrieben hat. Im hinteren Teil des Buches „Desertifikation – ein weltweites Problem der ökologischen Verwüstung in den Trockengebieten der Erde" finden sich bereits einige Maßnahmen gegen die Desertifikation.

Weiterhin wählten wir das Buch „Warum Gesellschaften überleben oder untergehen" vom amerikanischen Evolutionsbiologen Jared Diamond als Hauptliteratur, da Diamond gut der Frage nachgeht, inwieweit damals Gesellschaften in bestimmten Räumen untergegangen sind und auch warum gewisse Räume auf der Erde unbewohnbar gemacht worden sind.

Letztlich nutzten wir weitere Literatur, Zeitschriften und aktuelle Internetlinks, vor allem die Seite www.desertifikation.de, da hier aktuelle Präventionsmaßnahmen dargestellt worden sind. Weitere wichtige Internetquellen vom Auswärtigen Amt und aktuelle Zeitungsartikel (Tagesschau).

Als allgemeines Lexikon für Definition nutzten wir den Brockhaus. Dieser bietet zwar nur einen allgemeinen oberflächlichen Überblick, ist aber ausreichend für allgemeine Definitionen. Weitere Quellen und Literatur sind im Literatur- und Quellenverzeichnis zu finden.

2. Desertifikation

2.1 Begriffserklärung

Desertifikation ist ein sehr umfassender Begriff, der in vielen Büchern anders definiert und erklärt wird. Allgemein gesehen ist die Desertifikation *„das Vordringen der Wüste in halbtrockene Gebiete oder die Schaffung wüstenähnlicher Bedingungen durch Eingriffe des Menschen in das Ökosystem der Wüstenrandgebiete (z.B. durch Überweidung).“*[1]

Genauer betrachtet stammt der Begriff aus dem Lateinischen „desertus facere" (d.h. Wüstmachen, Verwüsten). Im deutschen Sprachgebrauch wird der Begriff meist für die Wüstenbildung menschlichen Ursprungs genutzt im Gegensatz zur natürlichen Wüstenbildung. Laut Hammer handelt es sich beim Desertifikationsprozess *„um eine von Menschen initiierte, voranschreitende Verarmung und letztlich um die Zerstörung von ariden, semi- ariden und subhumiden Ökosystemen.“*[2]

Charakteristisch dafür ist, dass die Verwüstung in ariden und semi-ariden Gebieten aufzufinden ist, wo nach sie nach klimatisch-zonaler Eingrenzung nicht vorkommen sollte. Desertifikation weist eine starke Beeinträchtigung der Vegetation hervor und hat meist irreversible Folgen für die Beschaffenheit.

2.2 Ursachen und Folgen

Im Vorfeld möchten wir vorwegnehmen, dass im Bereich der Ursachenforschung, die auf Desertifikationserscheinungen zurückzuführen sind, nicht nur eine oder die Ursache gibt. Zunächst ist zu sagen, dass wir uns bei den Ursachen sehr kurz halten möchten, da es nicht wesentlich der Bestandteil der Bachelorarbeit ist.

Es sind meist mehrere Faktoren, die zusammenwirken und dann für die Desertifikation verantwortlich gemacht werden können. Die klimatischen und die anthropogenen Faktoren spielen in der Hinsicht aber eine entscheidende Rolle. Hammer charakterisiert an Hand der Abbildung die Hauptfaktoren, welche er in Geofaktoren, interne und externe Faktoren einteilt. Geofaktoren sind natürliche Klimafaktoren, wie Vegetation, Boden, Wasserhaushalt und so weiter. Interne Faktoren sind nationale wirtschaftliche, politische und rechtliche Systeme und externe Faktoren beinhalten das Weltwirtschaftssystem, das Zusammenspiel mit

---

[1] Brockhaus S. 214
[2] Hammer S. 273

internationaler Politik bzw. Entwicklungszusammenarbeit. All diese Aspekte sind maßgeblich von Bedeutung für die Ausbreitung der Desertifikation.

Abbildung 1: Zusammenspiel der Desertifikationsursachen

Quelle: Hammer, Thomas (2000): Desertifikation im Sahel. Lösungskonzepte der Dritten Generation. In: Geographische Rundschau. Jg. 52, H. 11, S. 4.

2.3 Verbreitung

Auf der ganzen Welt ist mittlerweile bereits ein Sechstel der Bevölkerung und ein Viertel der Erdoberfläche von Desertifikation betroffen. Möchte man die Verbreitung der Desertifikation geographisch-regional einschränken, um einen Überblick zu erlangen, ist es sinnvoll, sich die Klimazonen der Erde näher zu betrachten. Laut Köppen sind alle Zonen mit BS-Klimaten (Steppen) und in den Tropen die wechselfeuchten Aw-Klimate (Savannen) extrem desertifikationsanfällig. Weiterhin sind auch die C- und Cs-Klimaregionen mit Winterregen und Sommertrockenheit für Desertifikation anfällig.[3]

Allgemein wird gesagt, dass es keine Rolle spielt, ob es sich um warm-aride oder kontinentale, kalt-aride Regionen handelt, also um afrikanische oder zentralasiatische Trockengebiete. Auf der Erdoberfläche sind alle Kontinente von der Desertifikation betroffen, nur das Ausmaß ist sehr unterschiedlich.

In der Abb. 1 ist ein Überblick über die desertifikationsgefährdeten Zonen der Erdoberfläche zu sehen. Dabei fällt auf, dass fast der gesamte innere Bereich des australischen Kontinentes von Desertifikation befallen ist. Weiterhin ist ein schmaler Gürtel in Südafrika zu erkennen, der etliche Plateaus im Landesinneren umfasst. Das größte Gebiet mit starker Desertifikationsanfälligkeit ist der nordafrikanisch-asiatische Trockengürtel, der sich von der Atlantikküste Nordafrikas bis zum Nil und von dort aus über die Arabische Halbinsel bis weit in den asiatischen Kontinent erstreckt. In Nordamerika sind einige Teile Mexikos und die Becken und Ebenen der westlichen USA von Desertifikation betroffen. In den zentralen Teilen Kaliforniens, Arizonas und Mexikos befinden sich die trockensten Bereiche. In Südamerika erstrecken sich ein schmaler Küstenstreifen westlich der Anden, sowie eine breitere Fläche östlich der Anden. Desweiteren gibt es noch kleinere Bereiche im Osten Brasiliens, in Kolumbien und in Venezuela mit Desertifikation.[4]

---

[3] Mensching S. 7
[4] Mensching S. 7f

Abbildung 2: Verbreitung der Desertifikation

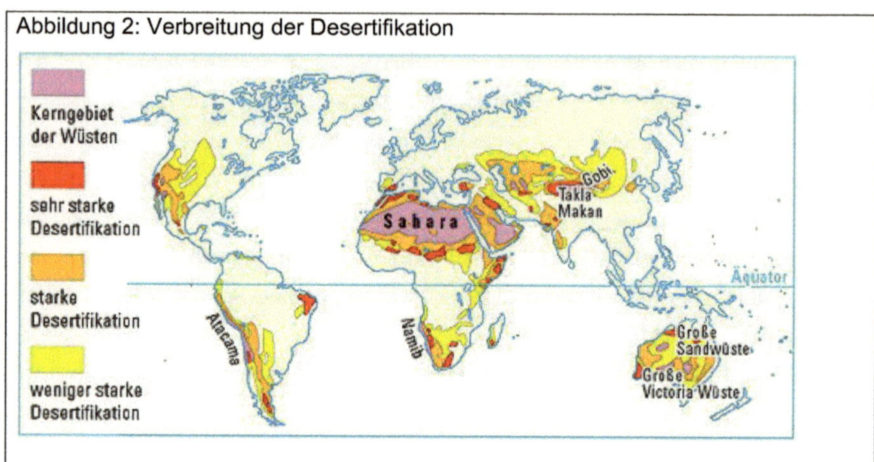

Quelle: http://www.klett.de/sixcms/media.php/76/karte_desertifikation.jpg

3. Die Bedeutung der Desertifikationsmaßnahmen aus historischer Sicht am Beispiel der Osterinseln nach Jared Diamond

Am Beispiel der Osterinsel wird der Versuch unternommen, am Ende Parallelen zu der heutigen Welt aufzustellen und die für uns möglichen Folgen als ein Szenario darzustellen.

Im nachfolgenden Abschnitt soll anhand der Osterinsel und der Theorie nach Jared Diamond nicht nur veranschaulicht werden, dass Desertifikationsmaßnahmen schon von Gesellschaften früherer Zeiten um 900 nach Christus [5] wie den aus Asien stammenden Polynesiern angewandt wurden, [6] sondern es sollen ebenfalls die gravierenden Folgen für die heutige Welt verdeutlicht werden.

Zunächst soll der Begriff der *Gesellschaft* an Hand eines allgemeinen Wörterbuches definiert werden, da dieser anschließend in Häufigkeit auftritt.

So heißt es, „i, w. S. die Verbundenheit von Lebewesen (Pflanzen, Tiere, Menschen) mit anderen ihrer Art und ihr Eingeschlossensein in den gleichen Lebenszusammenhang" [7] Diese Gesellschaftsdefinition ist allgemeingehalten und für unseren Zweck dieser Bachelorarbeit in diesem Rahmen ausreichend, da wir keine Definitionssammlung vom dem Gesellschaftsbegriff erläutern. Es geht eher darum, warum das Zusammenleben von Menschen in einer Region, wie die Osterinsel eine Zerstörung mit sich brachte und warum die heutigen Gesellschaften in Zukunft daraus lernen können.

---

[5] Vgl. Diamond, 2006, S. 116.
[6] Vgl. Diamond, 2006, S. 109.
[7] Brockhaus S. 389.

Abbildung 3: Die karge Landschaft vor einem der Vulkankrater

Quelle: http://www.osterinsel-info.de/html/osterinsel1.html

Die Osterinsel liegt im Südpazifik etwa 3700 Kilometer östlich vom südamerikanischen Festland. Politisch gehört die Osterinsel heute zu Chile. Das Klima ist dabei subtropisch bei 27°C Durchschnittstemperatur und da die Insel erst vor kürzerer Zeit aus einer Vulkanaktivität entstanden ist, verfügt diese über einen fruchtbaren Boden.[8] Ein Problem ist, die relativ geringe Niederschlagmenge in dieser Region von 125mm pro Jahr und das dieser Niederschlag im Vulkanboden schnell versickert und dadurch wenig Salzwasser vorhanden ist.[9]

Die Bewohner der Osterinsel waren aufgrund von verschiedenen ungünstigen Faktoren, diese werden im Verlauf des Abschnitts näher beleuchtet, gezwungen die Landwirtschaft zu intensivieren. [10] Demzufolge finden sich auf der Insel Maßnahmen die der Steigerung der landschaftlichen Produktion dienten sowie dem Schutz vor Erosion, dies wird im nachfolgenden Zitat dargelegt. *„Man schichtete große Felsblöcke auf, um die Pflanzen vor der Austrocknung durch den häufig sehr starken Wind zu schützen.* [11] Des Weiteren schützten *„Strukturen aus kleineren Steinen [...] erhöht liegende oder in Senken angelegte Gärten, wo man Bananen anbaute und auch Keimlinge züchtete, die dann, wenn sie größer waren, an anderer Stellen verpflanzt wurden."* [12]

Eine weitere Maßnahme ist das Auslegen von Steinblöcken, die in geringen Abständen und auf großen Flächen platziert wurden. Dies war in der Zeit die am

---

[8] Ebenda S. 108.
[9] Ebenda.
[10] Vgl. Diamond, 2006, S. 118.
[11] Ebenda S. 118.
[12] Ebenda S. 118.

meisten genutzte Methode die sich gegen Wind und somit gegen Erosion bewährt hat.

Der mühselige Kräfteaufwand hatte zu Folge, dass zwischen den Steinblöcken Pflanzen heranwachsen konnten. [13] Wiederum *„[a]ndere Gebiete wurden durch so genannten ´Steinmulch´ verändert[,] dabei wurden „[a]uf dem Boden [...]Steine bis auf eine Höhe von 30 Zentimetern aufgeschichtet, wobei man entweder Blöcke von nahe gelegenen freiliegenden Felsen herantransportierte oder den Boden so weit abtrug, dass man das Muttergestein aufbrechen konnte."* [14] Das Ziel war auch hier eine Schutzmaßnahme gegen das windige und trockene Klima. [15] Die Vertiefungen durch den abgetragenen Boden und *„steinernen Windschutzwälle"* [16] sind mit den heutzutage angewandten Maßnahmen in anderen trockenen Regionen (siehe Abschnitt ..) der Welt vergleichbar. Ebenso das Auslegen von Steinen auf den Feldern war vor allem als Verdunstungsschutzmaßnahme angelegt worden sowie gleichzeitig als Schutz gegen Winderosion und Temperaturschwankungen des Bodens, da Steine gute Wärmespeicher sind. Desweiteren enthalten Steine bestimmte Mengen an Mineralstoffen, die der Düngung dienen. [17]

Dies wiederum zeigt auf, dass die Menschen sich mit dem Problem der Desertifikation schon vor Jahrhunderten auseinandergesetzt haben und auch über nötige Kenntnisse verfügt haben. Diese Tatsache legitimiert die Wichtigkeit sich in der heutigen Zeit mit dem Problem umso intensiver zu beschäftigen, um die Lösungsansätze zu optimieren und diese zu einem erfolgreichen Prozess zu gestalten. Die historischen Ansätze der Maßnahmen dienen hierbei als Denkanstoß sowie ein Grundmodell der möglichen Umsetzung von moderneren Ansätzen.

Um die Frage zu beantworten warum nun die Osterinsel und die dort lebende Gesellschaft zerstört wurde, gibt Jared Diamond einige plausible Erklärungen die anknüpfend in kürze vorgestellt und erläutert werden. Es kann jedoch nicht auf die politischen und kulturellen Faktoren des Zusammenbruchs eingegangen werden, da dies den Rahmen der Bachelorarbeit sprengen würde.

Diamond gibt als Ursache die selbstverschuldeten Umweltschäden, ungünstige geografische Faktoren wie zum Beispiel die Isolation der Osterinsel, die

---

[13] Vgl. Ebenda.
[14] Ebenda S.119.
[15] Vgl. Diamond, 2006, S. 119
[16] Ebenda.
[17] Vgl. Ebenda S.119f.

Klimaveränderung und den geringen Niederschlag als mögliche Ursachen an, die zusammenspielend dann zur Ausrottung der einheimischen Tierarten und Vegetation führten.[18] Und aufgrund der nährstoffarmen Ernährung kam es zu verschiedenen Krankheiten bis hin zu Hungersnöten und Kannibalismus, [19] die die vermuteten Bevölkerungszahlen von rund 30000 Einwohnern schrumpfen ließ. [20] Die von den Europäern eingebrachten Epidemien, wie Pocken, haben dazu beigetragen, dass die Anzahl der restlichen Inselbewohner stark schrumpfte. [21] Im Jahre „[...]1872 waren nur noch um 111 Inselbewohner übrig."[22]

Bevor jedoch das Erschöpfen der Ressourcen eintrat gab es eine 300-jährige Blütezeit der Osterinsel-Gesellschaft. [23] Und bevor die ersten Siedler kamen, war die Osterinsel keine karge Wüste, sondern ein subtropischer Wald [24] und *„Heimat eines artenreichen Waldes".* [25]

Abbildung 4: Die heutige baumlose Landschaft der Osterinsel

Quelle: http://www.weltwunder-online.de/fullsize/osterinsel.jpg

Durch Nahrungsmittelüberschuss wuchs die Bevölkerung, dies benötigte wiederum mehr Platz und Nahrungsmittel. [26] Auch das Errichten der bekannten Statuen, die bis zu 90 Tonnen wogen benötigte man Baumaterial und natürlich Nahrungsmittel. Eine

---

[18] Vgl. Diamond, 2006, S. 116.
[19] Diamond, 2006, S. 139.
[20] Vgl. Diamond, 2006, S. 117.
[21] Vgl. Diamond, 2006, S. 143f.
[22] Ebenda S.144.
[23] Ebenda S. 131.
[24] Vgl. Ebenda S. 132.
[25] Diamond, 2006, S. 134.
[26] Vgl. Ebenda S. 128.

durchschnittliche Statue wog 12 Tonnen und der Transport der Statue benötigte bis zu 500 erwachsene Männer. [27] Die Werkzeuge und das Baumaterial wie Seile wurden größtenteils aus Palmenrinde hergestellt. Die Ursache dessen war, dass die Holzbestände der Osterinsel zerstört wurden. Somit gab es kein Brennholz mehr oder Holz zum Bootsbau. Das Fischen war somit unmöglich. [28] Durch fehlende Rohstoffe gingen die Erträge der Nutzpflanzen zurück. Eine starke Bodenerosion war die Folge sowie eine Austrocknung und Auswaschung von Nährstoffen im Boden. [29] Es war ein drastischer Rückgang an natürlichen Nahrungsmittelressourcen zu verzeichnen.

Durch den Eingriff der Menschen wurde der natürliche Kreislauf des Lebens auf der Osterinsellnsel zerstört. Dies geschah auch an einem realen Szenario bei den Maya und Anasazi, nach einem gesellschaftlichen Aufschwung kam der Zerfall. [30]

Somit ist das Geschehen auf der Osterinsel metaphorisch gesehen sehr anliegend an das heutige Geschehen auf unserem Planeten. *„Die Parallelen zwischen der Osterinsel und der heutigen Welt"* [31] sind der Grund, warum die heutigen Gesellschaften ihre Einstellung zur Umwelt überdenken müssen.

Die Osterinselbewohner haben durch ihre isolierte Lage [32] und durch die große Entfernung zu Nachbarn anderer Inseln [33] sowie durch Ausbeutung der Ressourcen ihre eigene Existenz und die Umwelt selbst zerstört. Das alles wiederholt sich zurzeit in gewissen Ansätzen auf unsere Erde. Auch die Menschen auf der Erde können sich durch die Isolierte Lage im Weltraum keine Hilfe von außen holen oder einfach auswandern. Und es wird der Menschheit auch kein Nachbar zur Hilfe eilen.

Das Bewusstsein für die Umwelt wird somit zu einem Gut, welches in der heutigen Zeit eine andere Gewichtung bekommen muss und deshalb sind die Maßnahmen, welche wir in Kapitel 5. erläutern und bewerten maßgebend für das zukünftige Leben in desertifizierenden Räumen. Es geht vor allem darum die Räume, die gefährdet sind und eine hohe Verwundbarkeit für ein solches Problem haben, nachhaltig so zu bewirtschaften, dass ein Leben auch noch in der Zukunft möglich ist.

---

[27] Vgl. Ebenda S130ff.
[28] Diamond, 2006, S. 139.
[29] S. 138ff.
[30] S.141.
[31] S. 153.
[32] Vgl. S. 127.
[33] Vgl. S. 151.

4. Erstellung des Kriterienkatalogs

Im nachfolgenden Abschnitt liegt der Schwerpunkt auf der Erstellung von Kriterien zur Bewertung der Präventionsmaßnahmen. Dabei ist ein Kriterium laut Brockhaus ein *„unterscheidendes Merkmal"* [34] und dient zur objektiven Bewertung der Maßnahmen. Maßnahmen dienen zur *„zielgerichteten Tätigkeit bzw. Prozessschritte, identifizierte Risiken eines Produktes zu beherrschen, d.h. diese zu vermeiden bzw. zu reduzieren."* [35] Dabei geht aus dieser Definition der Maßnahme hervor, dass die Risiken eines Produkt zu beherrschen und diese zu vermeiden und zu reduzieren sind. Die Risiken der Verwüstung sind die in Kapitel 2 angesprochenen Ursachen, wobei diese Ursachen und die Folgen dieser beherrschbar sein müssen.

Das Ziel der Maßnahmen zur Desertifikationsbekämpfung ist es vor allem die Risiken zu vermeiden und die Faktoren, welche zur Wüstenbildung führen, zu reduzieren.

Objektiv definiert *„auf ein Objekt bezogen, sachlich, frei von Vorurteilen und Wertungen, durch die Sache gegeben; vom einzelnen Subjekt und seinem unabhängig bestehend."* [36] Überdies müssen diese Kriterien vor allem objektiv sein und müssen dazu dienen die Maßnahmen gegen die Desertifikation hinsichtlich folgender Kriterien zu unterscheiden und zu bewerten.

1. Kriterium – Umsetzbarkeit und Wirksamkeit im Raum

Die zentrale Fragestellung dieses Kriteriums ist es, ob diese Präventionsmaßnahme in diesem bestimmten Raum überhaupt umsetzbar ist, da die unterschiedlichen Maßnahmen auch nur auf vereinzelte Gebiete übertragbar sind. Dabei stellt sich des Weiteren auch die Frage, ob diese Maßnahme zur Desertifikationsbekämpfung auch wirksam und ob schon Projekte dieser Art umgesetzt worden sind.

2. Kriterium – Finanzielle Bedingung

In diesem Kriterium stellt sich die Frage, ob die Maßnahme gegen die Desertifikation finanziell umsetzbar ist. Des Weiteren wird in diesem Kriterium erläutert, falls es uns möglich ist, diese Frage zu beantworten, wo die finanzielle Unterstützung her kommt, (ob innerhalb des Landes oder außerhalb des Landes).

---

[34] Brockhaus S.587.
[35] http://www.iso-14971.de/risikomanagementprozess-definitionen.htm

[36] http://www.wissen.de/wde/generator/wissen/ressorts/bildung/index.page=1202496.html

3. Kriterium – Nachhaltigkeit

Bei diesem Kriterium geht es darum, die Nachhaltigkeit der Maßnahme zu bewerten.
Dabei wird vor allem die nachhaltige Entwicklung der Maßnahme bewertet. Allgemein
ist die *„nachhaltige Entwicklung (engl. Sustainable development), eine ökonomische,
soziale und ökologische Entwicklung, die weltweit die Bedürfnisse der gegenwärtigen
Generation befriedigt, ohne die Lebenschancen künftiger Generationen zu
gefährden"* [37]. Dieser Nachhaltigkeitsdefinition genügt, um den Schwerpunkt nicht zu
verlagern. Dabei handelt es sich bei diesem Kriterium vor allem um drei wichtige
Faktoren, den ökonomischen, welcher aber vorwiegend im Kriterium 2 abgehandelt
wird, dann den sozialen Faktor und ökologischen Faktor der Nachhaltigkeit. Sozial
bedeutet allgemein betrachtet *„gesellschaftlich, menschfreundlich, hilfsbereit"* [38].
Dabei versuchen wir die Maßnahme zu bewerten, wie „gesellschaftlich" diese ist. Aus
ökologischer Perspektive wird des Weiteren betrachtet, inwieweit diese Maßnahme
mit der Umwelt verträglich ist. Ein weiterer Aspekt, welchen Hammer bei der
Nachhaltigkeit anspricht ist, dass es *„primär darum geht eine Lebensweise
aufrechtzuhalten, die auf den Erhalt der natürlichen Ressourcen ausgerichtet ist."* [39]
Es stellt sich daher die Frage, inwieweit die Maßnahmen in der Zukunft noch effektiv
ihren Nutzen erfüllen. Gerade in diesem Aspekt gehen wir überdies auch auf die
zeitliche Dimension der Maßnahme ein, d.h. es stellt sich die Frage, in welchem
zeitlichen Umfang diese Maßnahme greift und inwieweit diese in der Zukunft
hinsichtlich der drei Bereiche (sozial, ökonomisch und ökologisch) Bestand hat.
Zusammenfassend ist zu sagen, dass die Bewertung der Präventionsmaßnahmen
gegen die Desertifikation für uns nach diesem Kriterienkatalog möglich ist, allerdings
sind manche Maßnahmen schwieriger zu bewerten, da das Zugreifen auf bestimmte
Quellen sich in Grenzen hält und die Untersuchungen in diese Richtung eher rar
sind.

---

[37] Brockhaus S.699.
[38] http://www.wissen.de/wde/generator/wissen/ressorts/bildung/index,page=1244210.html
[39] Hammer, 1999, S.8.

5. Maßnahmen zur Desertifikationsbekämpfung und ihre Bewertung

5.1.   Allgemeines zu den Maßnahmen

Dieses Kapitel handelt von den Bekämpfungsmaßnahmen gegen die Desertifikation. Dabei werden wir uns nach dem Buch von Mensching „Desertifikation" orientieren und im zweiten Teil eine Bewertung hinsichtlich des aufgestellten Kriterienkatalogs nach Kapitel 4 durchführen. Dazu ist es bedeutend, dass die Maßnahme zuerst präzise beschrieben wird. Es ist erkennbar, dass bereits große Anstrengungen vor 30 Jahren, im Jahre 1977 die UNCOD (United Nations Conference on desertification) bei der Desertifikationskonferenz in Nairobi, unternommen wurden, das Problem der Wüstenbildung zu bekämpfen. Dabei wurden *„laut den UNCOD-Unterlagen ... eine Auswertung und Analyse sowie mögliche Maßnahmen gegen Desertifikation in einem Bundesministerium für wirtschaftliche Zusammenarbeit zusammengestellt ..."* [40] Weitere wichtige Fortschritte der Konferenzen entwickelten sich im Zuge nächsten Konferenzen, wie beispielsweise der „Convention to Combat Desertification (UNCED)" im Jahre 1992 in Rio Janeiro.[41] Schließlich geht es bei diesen Konferenzen um die Nachhaltigkeit der Räume, vor allem in den betroffenen Staaten. *„Die UNCCD verpflichtet die betroffenen Entwicklungsländer, der Desertifikationsbekämpfung im Rahmen ihrer Strategien zur nachhaltigen Entwicklung einen besonderen Stellenwert einzuräumen."* [42] Dabei werden von den Industrieländern vor allem finanzielle Mittel und Technologien und Wissen für die desertifizierenden Staaten bereit gestellt. In diesem Kapitel werden daher bestimmte Möglichkeiten zur Eindämmung der Desertifikation beschrieben und an Hand des Kriterienkatalogs vor allem die Umsetzbarkeit, Wirksamkeit und die Nachhaltigkeit bewertet.

5.2.   Aufforstung

5.2.1. Die Maßnahme

Eine mögliche Maßnahme zur Bekämpfung der Desertifikation ist die Aufforstung in den wüstenähnlichen Verhältnissen. Dieses Ziel der Bekämpfung der Verwüstung

---

[40] Mensching, 1990, S.95.
[41] http://www.auswaertiges-amt.de/diplo/de/Aussenpolitik/InternatOrgane/VereinteNationen/Schwerpunkte/VN-Wueste.html
[42] http://www.auswaertiges-amt.de/diplo/de/Aussenpolitik/InternatOrgane/VereinteNationen/Schwerpunkte/VN-Wueste.html

haben sich Afrikas Staatschef gesetzt. Dabei soll ein 7000 Kilometer langer und 15 Kilometer Waldstreifen gepflanzt werden. [43] Dabei ist die Idee der Maßnahme schon älter. Die Abbildung zeigt den möglichen Schutzwall, welche die Desertifikation schützen soll. Bereits auf der UNCOD 1997 „wurde der Forstwirtschaft im Maßnahmenkatalog zur Bekämpfung der Desertifikation ein breiter Raum gewidmet."[44]

Abbildung 5: Grüne Mauer

Quelle: http://www.welt.de/wissenschaft/article6328697/Gruene-Mauer-koennte-das-Meer-aus-Sand-stoppen.html

Es ist zu ergänzen, dass der die Menschen den Wald für die Energieversorgung, also zum Heizen von Wohnräumen benötigten. Es ist dementsprechend bei darauf zu achten, dass zwischen der „Wiederherstellung der Vegetation und der Energieversorgung" [45] ein Ausgleich besteht. Voraussetzung dazu ist erstens, dass die Räume kartiert werden, um die mögliche Anzahl von Flora und Fauna zu bestimmen. An dieser Kartierung ist demnach dann zu bewerten, welche Pflanzen gepflanzt werden dürfen. Weiterhin müssen Dürre- und Salzresistente Pflanzen

---

[43] http://www.tagesschau.de/ausland/sahelzone100.html

[44] Mensching, 1990, S.127.
[45] Ebenda S.127.

angebaut werden und die Erträge auf den landwirtschaftlichen Flächen gesteigert werden.[46] Bedeutsam wäre des Weiteren für die Aufforstung, dass vor allem Pflanzen angebaut werden, welche schnell wachsen und nicht zu sehr viele Nährstoffe benötigen. Überdies ist das Wissen für die Bevölkerung über gewisse Anbaumethoden unbedingt notwendig, da diese die Grundlage für den Anbau sind. Schließlich müssen letztendlich institutionelle Rahmenbedingungen seitens der Regierungen geschaffen werden, um das Risiko der Wüstenbildung eindämmen. Dabei gehört bezüglich der Aufforstung auch die „Ausbildung- und Fortbildung des Forstpersonals in allen Bereichen [...], weiterhin ist die Schaffung von ländergreifenden Organisationen Voraussetzung für eine gute Zusammenarbeit zwischen den Ländern.[47]

5.2.2. Die Bewertung nach Kapitel 4

In diesem Kapitel geht es um die Bewertung der beschrieben Maßnahme gegen die Desertifikation. Allerdings ist die Bewertung nur in einem kleinen Rahmen möglich, da es hierzu zu wenig empirische Daten gibt. Es gibt aber viele Ansätze in der Realität, welche bezüglich der Aufforstung eine Rolle spielen. Kommen wir als erstens zum Kriterium der *Umsetzbarkeit und Wirksamkeit* im Raum. Hierbei stellt sich die Frage, ob dieses Vorhaben das Risiko der Desertifikation einzudämmen vermag. Es ist zu sagen, dass diese Maßnahme durchaus realisierbar ist.[48] Des Weiteren gibt bereits kleine Projekte, welche mit Unterstützung der europäischen Union in kleinen Dorfgemeinschaften Wirkung finden. „Die Chinesische Forstwirtschaft steht allerdings vor einem Spagat zwischen der wichtigen ökologischen Funktion und dem enormen Holzbedarf in China".[49] Rund ein Drittel der Fläche Chinas sind von Desertifikation bedroht, dabei unterstützt Deutschland die Aufforstung. Technisch und institutionell ist die Wiederaufforstung in China realisierbar, da viele gesetzliche Reformen in den letzten Jahren eingeführt wurden sind, die den Holzeinschlag eindämmen sollen.[50] Neben wir als nächstes Beispiel „die grüne Mauer" in Afrika. Dieses Vorhaben ist ebenfalls technisch realisierbar.

---

[46] Ebenda S.127ff.
[47] Ebenda S.131.
[48] Ebenda S.127.
[49] http://www.desertifikation.de/bmz-cd013/BIN/CHINA.HTM

[50] http://www.desertifikation.de/bmz-cd013/BIN/CHINA.HTM

Senegal hat es vorgemacht und ist das einzige Land in Afrika, welches die Aufforstung bereits in Teilen realisier hat.[51] Bei hilft auch das Militär die Setzlinge in die Erde einzupflanzen. Als nächstes Kriterium nehmen wir die *finanziellen Bedingungen.* Das finanzielle Engagement die Vorhaben zu unterschützen tendieren gegen null. Denn zum Beispiel der Riesenwall in Afrika wird kaum unterstützt. „Es fehle der politische Wille" so Senegal Umweltexperte Haîdar al Ali Geld für die Aufforstung bereit zu stellen. In China beispielsweise konzentriert sich die Unterstützung für die Aufforstung meistens auf Forschungsvorgaben von außen. D.h. das Deutschland als ökonomischer starker Staat Aufforstungsmaßnahmen unterstützt. Von den Regierungen werden im Verhältnis relativ wenig finanzielle Mittel bereit gestellt. Als letztes Kriterium für die Bewertung der Maßnahme wird die *Nachhaltigkeit* bewertet. Die Nachhaltigkeit betrifft vor allem die ökonomischen, ökologischen und soziale Aspekte. Wie bereits beschrieben sind die ökonomischen Bedingungen für solche Projekte eher gering. Aus ökologischer und sozialer Sicht hat ein manches Projekt bereits ein positives Fazit. Nehmen wir als Beispiel das Aufforstungsprojekt in Ningxia. Insgesamt wurden dabei „8500 Hektar Sanddünen befestigt sowie Windschutzstreifen und Obstbaumplantagen neben zugehöriger Bewässerungsanlagen angelegt, die heute den Anwohnern nachhaltig bewirtschaftet werden" [52]. Dabei flossen sechs Millionen Euro vom Bundesministerium für wirtschaftliche Zusammenarbeit und Entwicklung für die Rehabilierung der desertifizierenden Räume. Des Weiteren wurde ein 30000 Hektar großes Helanshan Naturreservat rehabilitiert, welches nun unter einem Weideverbot steht. Aus ökologischer Sicht ist dieses Projekt einzigartig, da große Mengen des Treibhausgases CO_2 gebunden werden.[53] Aus sozialer Sicht ist dieses Projekt überdies auch positiv zu bewerten, da die Bauern in dieser Region auch wieder Arbeit hatten (Pflanzen von Bäumen usw.). Es gibt daher auch positive Beispiele für die Wiederaufforstung bestimmter Räume, die auch nachhaltig Bestand haben. Anders als in Afrika war das kleinere Projekt in China durchaus positiv zu bewerten. In Afrika dagegen sprechen die Fachleute von „kosmetischen Einzelmaßnahmen" [54],

---

[51] http://www.tagesschau.de/ausland/sahelzone100.html

[52] http://www.desertifikation.de/bmz-cd013/BIN/CHINA.HTM

[53] Ebenda.

[54] http://www.tagesschau.de/ausland/sahelzone100.html

welche nachhaltig nur geringen Bestand haben, da bis heute nicht alle Regierungen Afrikas an einem Strang ziehen. Denn bereits „von vor 30 Jahren wollten die afrikanischen Staaten die Wüste" stoppen.[55]

Abbildung 6: Helanshangbiet in Zentralchina

Quelle: http://www.desertifikation.de/bmz-cd013/BIN/JPG/CHINA_2.JPG

Ein weiteres Projekt, welche sich mit Aufforstungsmaßnahmen beschäftigt, ist ein Projekt in der Region der Dominikanischen Republik, Honduras und Haitis in Mittelamerika. In Haiti sind bis heute nur noch drei Prozent der Fläche mit Wald bedeckt, in der Dominikanischen Republik ca. noch 23%, wobei dort 240km² durch Abholzung vernichtet wurde. In Honduras verschwinden pro Jahr 80000 Hektar Wald, das bedeutet, dass in den letzten 30 Jahren die Waldfläche um ein Drittel zurückgegangen ist.[56] Dabei wurde auch ein Projekt umgesetzt, welches das Bewusstsein der Menschen in diesen Regionen stärken sollte, das Bewusstsein sich mit dem Thema Wald zu beschäftigen und ihre Lebensräume nachhaltig zu

---

[55] http://www.tagesschau.de/ausland/sahelzone100.html

[56] http://www.desertifikation.de/bmz-cd013/BIN/DOMINIKANISCHE_REPUBLIK_HAITI_U.HTM

bewirtschaften. Nach unseren Erkenntnisstand ist dieses soweit gelungen, wie nur möglich, da das Projekt zwar umgesetzt wurde und wirksam ist, allerdings gibt es immer noch schlechte institutionelle Rahmenbedingungen, die eine Aufforstung erschweren. Das „Ziel des Projekts ist die Sensibilisierung für die Probleme der Desertifikation".[57] Dies ist mit finanzieller Unterstützung von deutscher Seite auch gelungen. Wie nachhaltig das Projekt allerdings ist, lässt sich für uns schlecht bewerten, dagegen erhofft man sich durch solche Projekte natürlich eine gewisse Nachhaltigkeit bezüglich der Abholzung der Räume.

5.3.   Management und Monitoring der Natur

5.3.1. Die Maßnahme

Die Maßnahme ist eine sehr bedeutsame für das Management der Natur. Zum Management der Natur gehört die Planung von Siedlungen. „Management ist die Beziehungen für die Führung von Institutionen jeder Art sowie für die Gesamtheit der Personen, die diese Funktion ausüben."[58] Dabei konzentriert das Management der Natur vor allem die Planung von Siedlungen und die Disposition Siedlungen nachhaltig zu errichten. Des Weiteren geht es bei der Planung um Räume, besonders um die Frage: „Welche Probleme und Konflikte treten bei der Landnutzung auf? Welche Ressourcen sind vorhanden, wo liegen ihre wirtschaftlichen Potenziale? Wo können traditionelle Nutzungsregeln greifen oder müssen neu diskutiert werden?"[59]
Weitere Maßnahmen im Bereich der Siedlungsplanung wären zunächst erst einmal die Einrichtung von Versorgung, beispielsweise die Einrichtung einer Wasserversorgung. Gerade eine Wasserversorgung bietet Voraussetzung für das Bewässern auch in Trockenzeiten. Des Weiteren sind Infrastrukturelle Maßnahmen notwendig. *„Die kleinen zentralen Orte sollten in ein übergeordnetes Beratungsnetz eingebunden werden, um auch die landwirtschaftliche Produktion oder Subsistenz betreibende Bevölkerung mit Beratungskampagnen zu erreichen, die ja unmittelbar Desertifikation erzeugen und unter ihr leiden.*"[60] Es geht also darum gewisse

---

[57] Ebenda.
[58] Brockhaus S.646.

[59] http://www.desertifikation.de/fileadmin/user_upload/downloads/Mali-Junge_Gemeinden_lernen_Nutzungskonflikte_loesen_PACT_Betke_Fischer.pdf

[60] Mensching, 1990, S.134.

Institutionen zu schaffen, die eine Beratung für die dort ansässige Bevölkerung ermöglichen. Des Weiteren ist es notwendig auf „regionaler und internationaler Basis eine Bestandsaufnahme der natürlichen Ressourcen der Schadensgebiete vorzunehmen."[61] Möglich ist dies mit Hilfe von Fernerkundungsdaten. In Zusammenarbeit des Geoforschungszentrum Potsdam (GFZ) und des deutschen Zentrum für Luft und Raumfahrt (DLR) ist es das gemeinsame Ziel die Fernerkundungsdaten so zu verbessern, die eine bessere Prognose des Bodens und der Bodenfruchtbarkeit ermöglichen.[62] Weiterhin soll der Boden hinsichtlich folgender Faktoren genauer untersucht werden. Erstens soll der „Zustand der Pflanzendecke und der Bodenbedeckung allgemein. Sie zeigt den Grad der Degradierung." [63] Weiterhin können die Dünen und die Viehherden hinsichtlich ihrer Mobilität beobachtet und untersucht werdem. Überdies ist eine „gesamtökologische Zustandsbeurteilungen mit Desertifikationsgrad [...] erkennbar, z.B. ökologischer Zustand des Weidelandes in Steppen und Savannen."[64]

5.3.2. Die Bewertung nach Kapitel 4

Nun folgt die Bewertung der Maßnahmen hinsichtlich der Kriterien. Es gibt viele Projekte, welche positive Resultate bezüglich der Siedlungsplanung vorweisen können. Exemplarisch werden wir am Beispiel von Mali ein Projekt bewerten. In Mali wurden 700 Siedlungen dezentralisiert, d.h. die Kommunen bekamen die Verantwortung für ihre eigenständige Planung zurück. Schließlich helfen Organisationen wie die PACT, d.h. „Programme d´Appui aux Collectivité", die Deutsche Gesellschaft für technische Zusammenarbeit (GTZ), die KfW-Entwicklungsbank und der Deutsche Entwicklungsdienst (DED).[65] Nur ob die Lebensräume wirklich nachhaltig bewirtschaftet werden wir jetzt beantworten. Problem ist, dass die Lebensräume, für die hohe Anzahl der Bevölkerung, zu knapp sind. Es fehlt an nährstoffreichen Boden und an Wasser. Zum Kriterium der Umsetzbarkeit und Wirksamkeit der Maßnahme der Siedlungsplanung ist zu sagen, dass diese nur vereinzelt umgesetzt wurde. Daher ist die Wirkung auch dementsprechend gering, da zu viele Menschen dort leben und die Organisationen häufig überfordert sind. Positiv zu bewerten ist, dass finanzielle Unterstützungen von

---

[61] Ebenda S.134.
[62] http://www.scinexx.de/wissen-aktuell-2863-2005-05-20.html
[63] Mensching, 1990, S.136.
[64] Mensching, 1990, S.136.
[65] http://www.desertifikation.de/bmz-cd013/BIN/MALI.HTM

den genannten Organisationen zur Bekämpfung der Desertifikation bereitgestellt werden. Vereinzelt lässt sich aber sagen, dass manche Dörfer durchaus Erfolg hinsichtlich der *Umsetzbarkeit und Wirksamkeit* vorzuweisen haben. Dies sind aber häufig Einzelfälle, wie zum Beispiel in den Gemeinden im Kreis von Ségou.

Abbildung 7: Lage von Ségou

Quelle:
http://de.wikipedia.org/wiki/S%C3%A9gou

Das größte Problem ist der mangelnde Erkenntnis der Bevölkerung und die viel zu große Belastung der Felder. Weiterhin ist wiederum positiv, dass es vereinzelte Dörfer (z.B. in Mali) gibt, welche Lösungsansätze gemeinsam diskutieren und versuchen Regeln aufzustellen. Landnutzungskonflikte gingen somit in den Gebieten des PACT-Programms auf null zurück. [66] Entscheidend ist aber hierbei diese Programme nur eine Vermittler haben und sich neutral verhalten.

Wesentliche Entscheidungen über bestimmte Nutzung von Räumen diskutiert und entscheidet die Bevölkerungsgemeinschaft selbst. In der Region Ségou *„einigten sich die Bauern, den ansässigen und den wandernden Viehhaltern über Weidewege und Etappenplätze mit wichtigen Wasserstellen geographisch präzise markiert mit GPS Geräten."*[67] Wie nachhaltig auch diese Maßnahmen sind ist aus unserer Sicht schwierig zu beurteilen, da man nicht genau weiß, wie groß die Spannungen zwischen manchen Völkern sind. Fakt ist, dass die Maßnahme des PACT-Programms wirkt und Landnutzungskonflikte eingedämmt werden konnten. Somit konnte auch die Natur planbar gemacht werden, um die Räume so zu bewirtschaften, dass diese nachhaltig Bestand haben. Weiterhin ist es positiv zu bewerten, dass durch die dezentrale Siedlungsplanung eine Kontrolle der Räume viel besser möglich ist. In Bellen startete ein Pilotprojekt, dass die nicht mehr die Forstbehörde die Holzeinschlagsrecht verteilt, sondern von der Gemeinde selbst. Daher hat die Gemeindeverwaltung einen direkten Einfluss auf den Ort und die Menge des Holzeinschlags. Des Weiteren werden Gebühren erhoben, welche wiederum in die

---

[66] Ebenda.
[67] Ebenda.

Aufforstung gesteckt werden sollen. [68] Zu bewerten sind diese Pilotprojekte erstmal positiv, allerdings sind dies wiederum nur Einzelfälle. Wie solch ein Einzelfallprojekt auch für große Räume praktiziert werden kann, bleibt abzuwarten. Fakt ist, dass das Projekt in Bellen erfolgreich umgesetzt wurde, wie nachhaltig es ist nach unserer Sicht ist, ist schwierig zu bewerten. Wie erfolgreich das Monitoring der Natur zu bewerten ist, werden wir nun erklären. Das Umweltmonitoring ist eines der modernsten Methoden, um Räume hinsichtlich ihres Bodens oder Bodenfruchtbarkeit und die Bewegungen von Dünen zu beobachten und den Zustand zu bewerten. Positiv ist weiterhin, dass man mit Hilfe der Fernerkundungsdaten auch zeitlich unterschiedliche Aufnahmen vergleichen und somit den Zustand bewerten kann. Zum Kriterium der Umsetzbarkeit und Wirksamkeit der Methode ist zu sagen, dass das Monitoring umgesetzt wurde. Im Jahre 2005 wurde ein neuer Spektralsensor ARES in All geschossen, um Fernerkundungsdaten über den Mittelmeerraum, Namibia und den nördliche Afrika zu sammeln. Zum Kriterium der finanziellen Bedingungen ist zu ergänzen, dass diese Sateliten von Industrieländern, wie USA oder Deutschland erforscht und finanziert worden sind. Der wesentliche Vorteil für ein solches Monitoring ist das kostengünstige Überwachen von großen Räumen.[69] Es werden speziell Daten erfasst, wie die „Vegetationsdichte, die Vielfalt der Pflanzen usw."[70] abgeleitet und versucht an Hand dieser Daten das Risiko einzuschätzen, inwieweit bestimmte Räume auf der Welt von Desertifikation betroffen sind. Nach unserer Meinung ist diese Maßnahme als sehr *nachhaltig* zu bewerten, da es eine kostengünstige Methode ist, die Natur zu beobachten und Veränderungen im Laufe der Zeit zu erkennen. Überdies wird nicht in die Natur selbst eingegriffen und es wird auch kein kostenintensives Personal zur Bestandsaufnahme benötigt. Schließlich ist diese Maßnahme auch ökologisch vertretbar, da nur Satelitenbilder aufgenommen worden sind. Des Weiteren sehen wir als durchaus positiv, dass diese Daten zentral gesammelt werden und somit Interpretationen dieser Daten von Wissenschaftlern leichter möglich sind. Die Maßnahme wird auch immer mehr an Bedeutung gewinnen, um Naturräume und Veränderungen dieser zu beobachten.

---

[68] Ebenda.
[69] http://www.scinexx.de/wissen-aktuell-2863-2005-05-20.html
[70] Ebenda.

5.4 Wasserversorgungen

5.4.1 Einführung

Eines der größten Probleme in desertifikationsgefährdeten Gebieten ist, dass die Menschen und Tiere nicht genügend mit Wasser versorgt werden und ihnen so der Anbau als Ernährungsgrundlage nicht gewährleistet ist. Die größten Desertifikationsschäden entstehen meist durch eine falsche, nicht angepasste Verteilungsmethode des Wassers. Diese Fehler treten ausgehend von Brunnenstellen auf, sowie bei der Verteilung des Wassers an der Oberfläche.[71] Im folgenden Abschnitt werden wir verschiedene Desertifikationsmaßnahmen vorstellen und diese nach unserem im Kapitel 4 entwickelten Kriterienkatalog auswerten.

5.4.2 Maßnahmen im Bereich der Bewässerung mit Oberflächenwasser und mit Brunnenbewässerung

Das Problem zur optimalen Nutzung des Oberflächenwassers bezieht sich auf die hohe Variabilität der Regenmengen und dem kurzfristig du episodisch erfolgenden Oberflächenabfluss.[72]

Seit der Antike versuchen die Menschen schon, Regenwasser aufzufangen und als Wasserstauanlagen zu nutzen. Dabei versuchten sie Steindämme und Erdwälle bis hin zu Zisternen und Staubecken zu errichten. Diese Wasserstauanlagen sollten dazu dienen, die Bevölkerung mit Wasser zu versorgen und den Bodenwasserhaushalt zu verbessern. Dadurch erhofften sie sich eine bessere Anbaumöglichkeit für diverse Kulturpflanzen. In Tunesien z.B. erscheinen häufig sogenannte „Tabia", ausgedehnte Erdwallanlagen. Dort werden sie in den Einzugsgebieten von Trockentälern zur Terrassenbewässerung und Infiltrationsverbesserung verwendet. In der heutigen Zeit werden alle Maßnahmen, bei denen es um das Einfangen und Sammeln von Regen, sowie um die anschließende Nutzung des Oberflächenabflusses geht, als „water harvesting" bezeichnet.[73] Das Prinzip dabei ist immer dasselbe. Es gibt zwei Flächen, aus dem sich dieses System zusammensetzt. Erstens die „Runoff Area", das ist die Fläche auf der der Niederschlag bzw. der Oberflächenabfluss mit verschiedenen Techniken

---

[71] Mensching, 1990, S. 102.
[72] Ebenda, S. 102.
[73] http://www.hydrology.uni-kiel.de/lehre/seminar/ws05-06/massmann_water_harvesting.pdf

gesammelt wird. Oftmals werden dazu Bodenoberflächen an einem Hang oder Dachflächen genutzt. Die zweite Fläche ist die „Runon Area". Diese dient als Speicher des Wassers, dass auf der „Runoff Area" gesammelt wurde. In vielen Fällen ist es eine Ackerfläche, Gefäß oder ein Teich. Wichtig zu erwähnen ist, dass die „Runoff Area" immer größer ist als die „Runon Area". Dabei gibt es verschiedene Techniken, die eine Verbindung zwischen den beiden Flächen herstellen. So kann das Wasser auf die Runon Area direkt fließen oder auch durch Gräben zugeleietet werden. Um eine Erosion vorzubeugen, werden bei einigen Water Harvesting Systemen zusätzliche Überläufe eingebaut, um überflüssiges Wasser abzuleiten.[74] Da diese Maßnahme, je nach Größe des Sammelgebietes, die zur Verfügung stehende Menge des Bodenwassers verfünffachen kann, dient es der Versorgung der Bevölkerung mit Trink- Haushalts- und Bewässerungswasser. Mit den in der Verbindung stehenden Maßnahmen des Water Harvesting dient es ebenfalls zum Erosionsschutz, zur Grundwasserauffüllung und zum Betrieb der Aufforstung.

---

[74] Mensching, 1990, S.103.

Abbildung 8: Runon Area

Quelle: http://www.hydrology.uni-kiel.de/lehre/seminar/ws05-06/massmann_water_harvesting.pdf

Eine weitere Maßnahme, um die Desertifikation zu bekämpfen und gegen die Dürre vorzugehen, ist die Errichtung von Tiefbrunnen. Diese waren in den letzten Jahrzehnten wichtig, um gegen die Probleme in den desertifikationsgefährdeten Gebieten vorzugehen. Leider führte die Tiefbrunnenerrichtung aber weitere Probleme mit sich. Nomadische und sesshafte Tierhalter siedelten sich in der Nähe dieser neuen Wasserstellen an und erschufen so ein weiteres Desertifikationsgebiet, dass meist eine Fläche von 15 bis 20km einnahm. Um dies vorzubeugen, musste ein Plan erstellt werden, der genau vorgab, wo ein Tiefbrunnen errichtet werden kann und wie hoch die Zahl der Bevölkerung ist, die diesen nutzt. Die oberste Priorität war es, eine Übernutzung der Tiefenbrunnen zu vermeiden.

5.4.2.1 Bewertung der Bewässerung mit Oberflächenwasser und mit Brunnenbewässerung nach Kapitel 4

In diesem Teil unserer Hausarbeit werden wir die Bewässerungsmaßnahmen zur Bekämpfung der Desertifikation in unserem zur Verfügung stehenden Rahmen nach dem Kriterienkatalog im Kapitel 4 bewerten.

Das erste Kriterium befasst sich mit der Umsetzbarkeit und Wirksamkeit im Raum. Dabei können wir nach unserer Literarturauswertung eindeutig sagen, dass das heute sogenannte "water harving" umsetzbar und auch wirksam schon häufig in der Praxis eingesetzt wurde. So wurden schon in der Antike Baum und Gemüsekulturen durch derartige Systeme bewässert. Den Bau von Tiefbrunnen dagegen halten wir für nicht sehr wirksam und schwer umsetzbar. Die vielen Probleme, die ein unkontrollierter Bau von Tiefbrunnen mit sich führen kann, sind sehr hoch. Es kann nur dann funktionieren, wenn jeder Brunnenbau geplant und auch in einem Kontrollsystem integriert wird. Aber da dies in den meisten Entwicklungsländern schwer umzusetzen ist, wie in den dem misslungenen Beispiel in der Provinz Nord-Dafur, wo sich durch eine Brunnenbau-Organisation große Exportpläne zerschlugen[75], würden wir von dieser Maßnahme abraten.

Das zweite Kriterium befasst sich damit, inwieweit diese Maßnahmen auch finanziell tragbar sind. Das sogenannte „water harving" ist auch für ärmere Länder oder Entwicklungsländer finanzierbar. Es müssten also keine Förder- oder Spendengelder zur Verfügung gestellt werden, um ein solches Projekt zu finanzieren. Da es diese Methode, Regenwasser aufzufangen und weiter zu nutzen schon seit Jahrhunderten gibt, ist dies ein wunderbarer Beleg dafür, dass es nicht viel Geld benötigt, um es zu realisieren. Der Tiefbrunnenbau hingegen ist finanziell gesehen sehr kostspielig und würde weitere Gelder aus den Geberländern fordern.

Beim letzten Kriterium in unserem Katalog behandeln wir die Nachhaltigkeit für die Desertifikationsbekämpfung. Wir denken, dass das Einfangen bzw. das Sammeln von Regen und Oberflächenabfluss zur anschließenden Nutzung eine sehr geeignete Maßnahme für eine nachhaltige Desertifikationsbekämpfung ist. Da durch diese

---

[75] Mensching, 1990, S.106.

Methode das bis zu fünffache an Wasser der Bevölkerung zur Verfügung steht und es sehr einfach und kostengünstig umsetzbar ist, halten wir es für nachhaltig. Den Bau von Tiefbrunnen halten wir nicht für eine nachhaltige Maßnahme zur Desertifikationsbekämpfung. Es ist kostspielig und schwer umsetzbar, da eine genaue Planung für die Wahl der Tiefbrunnenorte vorliegen muss du deshalb halten wir es für nicht nachhaltig.

5.5 Desertifikationsmaßnahmen im Weideland
5.5.1 Einführung

Im folgenden Abschnitt beschäftigen wir uns mit den entwickelten Maßnahmen gegen die Desertifikation im Weideland. Da in fast allen desertifikationsgefährdeten Gebieten der Erde die Tier- bzw. Viehwirtschaft eine tragende Rolle spielt, muss diesem Wirtschaftszweig in ökologischer und ökonomischer Sicht eine starke Aufmerksamkeit zugeschrieben werden. Meist wurde er aber in den nationalen Entwicklungsplänen stark unterbewertet und kommt es, dass das Weide-Ökosystem nicht mehr als ökologisches Primärsystem anerkannt werden kann. Entscheidend ist, dass durch die diversen Maßnahmen, die im Folgenden dargestellt werden, die Weideproduktivität erhalten bleibt und die fortschreitende Desertifikation eingedämmt bzw. gestoppt wird.[76]

5.5.2 Desertifikationsmaßnahmen im Weideland

Wichtig, um fortschreitende Desertifikation im Weideland aufzuhalten, sind entsprechende Vorsorgemaßnahmen. Dabei ist es sinnvoll, die Tragfähigkeit der vorhandenen Weiden zu ermitteln. Da aber in vielen Teilen Afrikas die Kenntnisse diesbezüglich nicht sehr hoch sind und oft nach traditionellen Mustern gehandelt wird, kommt es oftmals zu Notwanderungen, die viehwirtschaftliche Katastrophen hervorrufen können und große Teile des Viehbestandes gefährden. Darum ist es bedeutsam, dass die Geberländer Geld bzw. Experten zur Verfügung stellen, um mit entsprechenden Hilfsmitteln ökologische Karten zu erstellen, die das Wasservorkommen sowie deren Nutzungsmöglichkeiten aufzeichnen. Wichtig dabei ist ebenso, dass eine möglichst genaue Zahl der lebenden Bevölkerung und ihr

---

Tierbestand in den Weidezonen erfasst werden, wobei das durch das nomadische Verhalten in den afrikanischen Gebieten Probleme ergeben kann. Neben Felduntersuchungen sind Luft- und Satellitenbilder große Hilfsmittel, um entsprechende Auswertungen durchzuführen. Nach diesen Auswertungen müssen dann Maßnahmen erfolgen, die nur in Interaktion miteinander funktionieren. Das heißt, nach der Berechnung der Tragfähigkeit des Weidelandes erfolgen eine angepasste Rotation und eine geregelte Migration, um das Weideökosystem zu erhalten. Ebenso bedeutsam wie die richtige Planung ist auch die Wahl der Tierarten. So z.B. wird deutlich, dass gerade im südwestlichen Afrika der hohe Ziegensatz im Vergleich zu der Schafhaltung eine stärkere Desertifikation fördert.[77]

Eine weitere Maßnahme zur Desertifikationsbekämpfung im Weideland ist die Rehabilitation bestimmter von bestimmten Weidegebieten. Denn durch die starke Überweidung wird nicht nur die Vegetationsdecke zerstört, sondern auch der Anteil der nicht fressbaren Pflanzen nimmt unaufhörlich zu. Das führt dazu, dass das Weideareal nicht mehr für eine produktive Nutzung zur Verfügung steht. Daher ist es eine Möglichkeit, diese Gebiete zu schließen und einzuzäunen und gleichzeitig eine Saat der Gräser für die Tiere zu legen. Um eine natürliche Regeneration zu gewährleisten, müssen die rehabilitierten Gebiete in einem Rotationssystem eingebunden werden, um langfristig davon erfolgreich zu zehren.

Abbildung 9: Rehabilitationsmaßnahme in Burkina Faso

Quelle: Mensching, 1990, S. 125

---

[77] Mensching, 1990, S.124.

Ein interessantes Diskussionsthema zur Desertifikationsmaßnahme sind Nomadenansiedlungen. Dies betrifft besonders den Bereich Nordafrikas, speziell am Rande der Tropen südlich der Sahara. Dabei ist es ausschlaggebend, dass langfristige Fördermaßnahmen entwickelt werden, um die Sesshaftigkeit der nomadischen Tierhalter zu gewährleisten. Die positiven Auswirkungen, die diese Maßnahme bewirken kann, ist z.B. der bessere Ausbau der Infrastruktur der Weidegebiete. Dadurch gebe es wieder bessere Vermarktungsmöglichkeiten. Auch eine bessere Versorgungsmöglichkeit könnte gesichert werden, die sich besonders in der Dürrezeit bemerkbar macht. Wenn diese Ansiedlung aber unbedacht erfolgt, kann sich das Desertifikationsrisiko aber auch erhöhen. So z.B., wenn die Nomaden ihre traditionell geführte Tierhaltung nicht ändern. Ebenso kann ein verstärkter Holzeinschlag diese Risiken bewirken.[78]

5.5.3 Bewertung der Desertifikationsmaßnahmen im Weideland nach Kapitel 4

In diesem Abschnitt wollen wir in einem kleinen Rahmen die Desertifikationsmaßnahmen im Weideland nach den im Kapitel 4 aufgestellten Kriterienkatalog bewerten.

Kommen wir zu unserem ersten Kriterium, der Umsetzbarkeit und Wirksamkeit im Raum. In unseren Recherchen zur Kartenherstellung in desertifikationsgefährdeten Gebieten sind wir auf positive Beispiele getroffen, wie z. B. das IPAL-Projekt (Integrated Project on Arid Lands). Dieses von der UNESCO / MAB geförderte Projekt hat im ariden Kenia spezielle Basiskarten mithilfe von Luftbild- und Satellitenauswertungen entworfen. Diese Basiskarten enthalten alle Grundelemente der dortigen Ökosysteme. Auch im Senegal wurde die Tragfähigkeit der Weiden untersucht und so unter anderem auch der gegebene Mindestbedarf an Fläche zur Ernährung der Tiere berechnet, der dann als Anhaltspunkt dienen soll.[79] Daher gehen wir davon aus, dass diese Erstellung von Karten als Vorsorgefunktion in den desertifikationsgefährdeten Gebieten umsetzbar und wirksam ist.

Die Rehabilitationsmaßnahmen mit den vorübergehenden Schließungen von Weidegebieten halten wir ebenfalls für umsetzbar. Die Maßnahme ist relativ einfach

---

[78] Mensching, 1990, S.126.
[79] Mensching, 1990, S. 122.

durchzuführen und man benötigt kein spezielles Personal, um die Zäune zu spannen. In Gebieten mit leichten Degradationsgraden in der Desertifikation, wie z.B. die USA, Südwestafrika und Argentinien gab es schon viele Erfolge mit dieser Rehabilitationsmaßnahme zu verzeichnen.

Die Maßnahme, Nomaden sesshaft zu machen und so Desertifikation zu bekämpfen sehen wir für sehr fragwürdig an. Es müsste ein langfristiger Fördermaßnahmenkatalog aufgestellt werden, um alle erfolgversprechenden Maßnahmen umsetzen zu können. Weiterhin denken wir, dass die Gefahren, die bei einer unbedachten Ansiedlung auftreten können zu hoch sind, als das es sich rechnen würde, es auf einen Versuch ankommen zu lassen. Zu verheerend können die Folgen einer nicht am Verhalten geänderten Einstellung der Nomaden sein. So könnte die Desertifikation durch z.B. verstärkten Holzeinschlag oder weiterhin traditionell geführte Tierhaltung noch weiter voranschreiten. Darum denken wir, ist diese Maßnahme nicht realisierbar.

Unser zweites Kriterium befasst sich mit den finanziellen Rahmenbedingungen der Maßnahmen. Die Erstellung von Karten in den desertifikationsgefährdeten Gebieten, um die Grundelemente des dortigen Ökosystems aufzuzeichnen ist sehr kostspielig und daher finanziell nur schwer umsetzbar. Die Länder, gerade in den afrikanischen Bereich werden wohl kaum die finanziellen Mittel aufbringen können, um sich die Hilfsmittel für die Kartenherstellung- und auswertung kaufen zu können. Es ist vom finanziellen Rahmen nur umsetzbar, wenn sich die Geberländer stark einsetzen in Form von Spenden, Fördermittel und eigenen Interessen im Zuge der Forschung.

Die Rehabilitationsmaßnahmen wiederum sind finanziell sehr gut tragbar. Die Kosten für die Umzäunungen sind im Verhältnis zum Nutzen äußerst gering.

Die Kosten für die Ansiedlung von Nomaden halten wir als zu hoch, da ein langfristiges Förderprogramm erstellt werden muss, um von diesen Projekt einen eventuellen Nutzen haben zu können.

Unser letztes Kriterium handelt von der Nachhaltigkeit der Desertifikationsmaßnahmen. Die Maßnahme, mit Hilfe von Karten betreffende Areale besser abschätzen zu können und so mit einer gewissen Planung die Desertifikationsgefahren zu dämmen kann nur nachhaltig erfolgen, wenn erst einmal der finanzielle Rahmen geklärt ist und die Maßnahme damit greifen kann. Das

Problem in der Nachhaltigkeit sehen wir in den schlecht organisierten Staatssystem der Entwicklungsländer und den traditionellen Muster der Beweidungspraktiken. Man kann es auch gleichsetzen mit der Unkenntnis der dort lebenden Bevölkerung. Ihnen muss bewusst gemacht werden, dass sich die Desertifikation durch eine gewisse Einhaltung von Regeln und einer Planung, aufhalten lässt. Nur, wenn das geschieht, ist diese Maßnahme auch umsetzbar, obwohl wir gerade im Entwicklungsraum mit der nicht so harmonierenden Staatsstruktur unsere Bedenken haben. Ebenso verhält es sich mit den Rehabilitationsmaßnahmen. Da diese Areale in ein gewisses Rotationssystem von Weiden eingebunden werden müssen und es so auch kontrolliert werden muss, um zu funktionieren, sehen wir es im Bereich der Sahelzone zweifelhaft, dass es nachhaltig wirkt. Nur, wenn die politische Struktur gestärkt wird und es viele Kontrollen gibt, kann diese Maßnahme erfolgreich greifen. Ob die Ansiedlung von Nomaden als eine nachhaltige Maßnahme für Desertifikationsbekämpfung anzusehen ist, bleibt sehr fragwürdig. Wir würden uns dagegen entscheiden und denken, dass es nachhaltig gesehen schwer ist, die Tradition der Nomaden zu brechen, um damit die Desertifikation aufzuhalten. Auch die oben schon erwähnten Risiken, die eine Ansiedlung mit sich bürgt, sehen wir als zu hoch an, dass sie sich nachhaltig positiv auf die Desertifikation auswirkt.

6. Die „optimale Methode zur Bekämpfung der Desertifikation"

Im nachfolgenden Abschnitt geht es darum, ob es eine „optimale" Methode gibt die Wüstenbildung einzudämmen. Dabei definieren wir ersten den Begriff des Optimums nach Wikipedia: „Unter einem Optimum (lateinisch optimum, Neutrum von optimus ‚Bester, Hervorragendster', Superlativ von bonus ‚gut') versteht man das beste erreichbare Resultat im Sinne eines Kompromisses zwischen verschiedenen Parametern oder Eigenschaften unter dem Aspekt einer Anwendung, einer Nutzung oder eines Zieles." [80] Die optimale muss daher besonders besonders wirkungsvoll und außerdem kostengünstig sein. Überdies muss aber gesagt werden, dass es keine optimale Methode gibt, da jeder Raum unterschiedliche Voraussetzungen für die Wüstenbildung hat. Schließlich ist der Raum beispielsweise der Sahelzone generell von zwei schlechten Indikatoren beeinflusst, erstens die schlechten natürlichen Klimabedingungen und zweitens das strenge Eingreifen in die Natur durch den Menschen. Dagegen ist die starke Erosion der Räume in Honduras oder in China (siehe Beispiel) zumeist auf die Abholzung und damit auf das Eingreifen der Menschen zurückzuführen. Dabei muss man jeden Raum unterschiedlich betrachten und schauen, inwieweit bereits schlechte natürliche Voraussetzungen gegeben sind und wie stark der Mensch als Verstärker in den Risikoraum eingreift. Schließlich verstärkt der Mensch meist den natürlichen Prozess der Wüstenbildung. Wir denken, dass es aber gewisse Methoden gibt, die die Wüstenbildung eindämmen können. Erstens wäre beispielsweise das Monitoring der Naturräume bedeutsam, wobei bei dieser Methode gut langfristige Veränderungen der Natur, beispielsweise des Bodens und des Wassers zu sehen sind. Ein Beispiel, wo das Umweltmonitoring schon lange angewandt wurde ist das Beobachten des Tschadsees. Der Tschadsee liegt mitten der Sahelzone am Ländereck von Tschad, Kamerun, Nigeria und dem Niger.[81] Durch dieses Umweltmonitoring erfolgt zwar noch keine Bekämpfung der Desertifikation, allerdings ist dies die erste Voraussetzung die risikogefährdeten Gebiete zu entdecken und die Veränderungen im Laufe der Zeit wahrzunehmen. Ein weiterer Vorteil dieser Methode ist, dass dafür kostenintensive Kartierung der Landschaft erspart bleiben und die Daten zentral gespeichert und weiterverarbeitet werden können.

---

[80] http://de.wikipedia.org/wiki/Optimal
[81] http://www.afrika-online.com/tschad/sehenswuerdigkeiten/tschadsee/index.html

Abbildung 10: Das Bild zeigt den See im Jahr 1973 (links) und im Jahr 1997 (rechts) aus der Erdumlaufbahn.

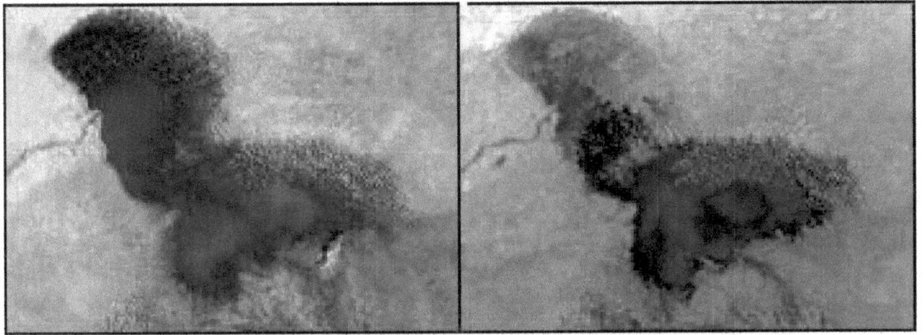

Quelle: http://www.afrika-online.com/tschad/sehenswuerdigkeiten/tschadsee/index.html

Ein Nachteil hat dass Umweltmonitoring aber, nämlich dass die Daten manchmal falsch interpretiert werden und daher keine exakten Aussagen möglich sind. Die Daten geben zumeist nur einen Überblick über die Räume, genaue Veränderungen der Natur müssen dann wiederum vorort analysiert werden. Das Umweltmonitoring bietet aber die Möglichkeit zeitliche Veränderungen der Natur wahrzunehmen und Desertifikationsräume zu registrieren.

Eine weitere Methode, welche in Zukunft an Bedeutung gewinnen muss sind bessere Landnutzungs- und Siedlungskonzepte, da hierbei ein Grundstein für die nachhaltige Nutzung der Räume gelegt wird. Landnutzungskonzepte sind immens bedeutsam, da die Menschen somit, die Natur besser nutzen und kontrollieren können. Somit ist eine nachhaltige Bewirtschaftung möglich, da zum Beispiel Brachezeiten besser kontrolliert werden können. Nomaden und fest bauern. Sdsd!!

Es ist damit zum einem möglich die natürlichen Gegebenheiten zum Anbau von landwirtschaftlichen Produkten zu nutzen und zum anderen kann man mit Landnutzungskonzepten dafür sorgen, dass die Böden beispielsweise nicht überstrapaziert werden.

7. Fazit

Abschließend ist zu sagen, dass die Desertifikation heutzutage ein großes ökologisches Problem darstellt. Ein großes Risiko stellt für die ansässige Bevölkerung der ausgelaugte, unfruchtbare Boden dar, welcher oftmals von Erosion betroffen ist.

Weiterhin ist festzuhalten, dass das Ziel der Bachelorarbeit die Bedeutung und die Wichtigkeit der Desertifikationsmaßnahmen (Kapitel 4.) darzustellen erreicht wurde, da gerade Diamond gute Ansätze für eine historische Analyse liefert.

Diamond zeigt an verschiedenen Faktoren sowie historischen Beispielen auf, was mit mit dem Raum der Osterinsel passierte und wie sich dieses Geschehen auf die Gegenwart und die Zukunft auswirken kann. Es ist daher wichtig, heutzutage in die Räume einzugreifen und die Desertifikation zu stoppen, da es eventuell in einiger Zeit zu spät sein könnte. Offen bleiben die kulturellen Faktoren, welche zu einem Untergang führen können sowie das komplexe Zusammenwirken der heutigen zivilisierten Gesellschaften unter der Betrachtung der ökonomischen und innovativen Expansion.

Bereits damals wurden viele Maßnahmen gegen die Desertifikation angewendet, welche heutzutage auch noch angewendet wurden. Eine Hauptmaßnahme gegen die Desertifikation ist das Wiederaufforsten von bestimmten Räumen, da damit gerade die Erosion eingedämmt werden kann. Umsetzbar und wirksam ist diese Maßnahme, offen bleiben Fragen der Finanzierbarkeit und Nachhaltigkeit, weil oftmals Geld fehlt, um Bäume wiederanzupflanzen und auch oft der Wille der Menschen fehlt, die Gebiete nachhaltig wiederaufzuforsten (siehe Beispiel in Kapitel 5). Beim Management der Umwelt ist zu erwähnen, dass diese Maßnahmen umsetzbar sind. Dies zeigte sich auch an einigen Projektbeispielen, welche im Kapitel 5 aufgezeigt wurden sind. Finanzielle Unterstützungen kamen dabei von Industrieländern zum Beispiel von Deutschland und Nichtregierungsorganisationen. Wie nachhaltig diese Maßnahme allerdings ist, bleibt offen, da es für uns relativ schwierig ist dies zu beantworten, weil es keine Langzeitstudie zu diesem Thema gibt. Fakt ist, dass es relativ schwierig ist, in Gebiete zu intervenieren, da desertifizierende Gebiete oftmals Räume sind, wo viele Konflikte aufeinander treffen.

Das Monitoring der Umwelt mit Hilfe von Satelliten ist überdies als Bekämpfungsmaßnahme gegen die Desertifikation von hoher Bedeutung, weil geographische Räume somit gut überwacht werden können. Allerdings stellt sich wiederum die Frage, wie genau ein solche Überwachung statt finden kann. Diese Maßnahme ist für die Zukunft aber immens entscheidend, da somit naturgeographische Veränderungen im Laufe der Zeit sichtbar werden.

Eine Maßnahme, die wir ebenfalls für sehr wirksam und nachhaltig empfanden, ist das sogenannte „water harving". Diese Methode gibt es schon seit der Antike und ist heutzutage immer noch sehr effektiv. Dabei wird Regenwasser auf einer Fläche gesammelt und danach als Trink-, Haushalts- und Bewässerungswasser genutzt. Weiterhin wird auch der Bodenerosion vorgesorgt. Im Bereich der Desertifikationsbekämpfung im Weideland ist die Erstellung von ökologischen Basiskarten zu erwähnen. Mit diesen Karten ist es möglich, bestimmte Areale minimale und maximale Herdengrößen abzuschätzen, um so eventuell entstehende Gefahren entgegenzuwirken. Allerdings ist diese Methode sehr kostspielig und Fördermittel würden dafür benötigt werden. Um diese Maßnahme auch nachhaltig einsetzen zu können, müssen gerade die Entwicklungsländer einen funktionierenden Staatsapparat besitzen, um auch Kontrollen durchführen zu können und dieses System auch weitläufig zu benutzen.

Es bleiben aber noch einige Fragen offen, die im Rahmen unserer Bachelorarbeit vollständig beantwortet werden konnten. Daher wären weitere Untersuchungsschwerpunkte, die Behandlung der optimalen Methode zur Bekämpfung der Desertifikation, welche wir in Kapitel 6. nur anschneiden konnten, weiter auszubauen und konkretere Maßnahmen an Hand dieser zu entwickeln. Allerdings wäre dies nur möglich, wenn empirische Daten vor Ort erhoben werden, die gezielt am Problem ansetzen können. Die Maßnahmen müssen sich an den unterschiedlichen Wirkungen orientieren, da die naturgeographischen Voraussetzungen von Räumen sehr unterschiedlich sind. Festzuhalten bleibt aber, dass die optimale Methode, Desertifikation zu bekämpfen nicht nur ein Maßnahme sein kann. Es muss ein Zusammenwirken von vielen hilfreichen Maßnahmen, die dann an diesen desertifikationsgefährdeten Ort greifen, existieren. Als Grundlage sehen wir das Monitoring der Natur, auf dessen Auswertungen wieder neue Maßnahmen für den ausgewählten Raum entwickelt und erfolgreich eingesetzt werden müssen. Entscheidend ist aber, dass diese Methode umsetzbar, finanziell tragbar und auch einen nachhaltigen Einschlag hat.

8. Literatur- und Quellenverzeichnis

--> sofern nicht in der Bachelorarbeit angegeben

Der grosse Brockhaus In einem Band, 2. Aufl., Bibliogragraphisches Institut & F.A. Brockhaus AG. Leipzig, Mannheim.

Diamond, Jared (2006): Warum Gesellschaften überleben oder untergehen. Fischer Verlag. Frankfurt.

Hammer, Thomas (2000): Desertifikation im Sahel. Lösungskonzepte der Dritten Generation. In: Geographische Rundschau. Jg. 52, H. 11, S. 4.

Hammer, Thomas (1997): Aufbruch im Sahel – Fallstudien zur nachhaltigen ländlichen Entwicklung. Lit Verlag. Hamburg.

Lossow v., Tobias (2009): Klimawandel, S.23 In: BPB 303 Informationen zur politischen Bildung Afrika - Schwerpunktthemen 2/2009.

Mensching, Horst (1990): *Ein weltweites Problem* ökologischer. Verwüstung in den Trockengebieten der Erde. Wissenschaftliche Buchgesellschaft. Darmstadt.

Müchler, Benno (2010): Grüne Mauer könnte das Meer aus Sand stoppen. Online im WWW unter URL: http://www.welt.de/wissenschaft/article6328697/Gruene-Mauer-koennte-das-Meer-aus-Sand-stoppen.html.

Betke, D.; Fischer, A.: Junge Gemeinde lernen Nutzungskonflikte lösen. Online im WWW unter URL:
http://www.desertifikation.de/fileadmin/user_upload/downloads/Mali-Junge_Gemeinden_lernen_Nutzungskonflikte_loesen_PACT_Betke_Fischer.pdf
[Letzter Zugriff: 02.03.2010].

Göbel, Alexander (2010):Ein grüner Gürtel gegen die sandige Wüste. Online im WWW unter URL:
http://www.tagesschau.de/ausland/sahelzone100.html [Letzter Zugriff: 02.03.2010].

O.A. O.O.: Online im WWW unter URL: China: Wald statt Wüste http://www.desertifikation.de/bmz-cd013/BIN/CHINA.HTM [Letzter Zugriff: 02.03.2010].

O.O., O.A.: Dominikanische Republik, Haiti und Honduras: Waldschutz in der Trockenzone. Online im WWW unter URL: http://www.desertifikation.de/bmz-cd013/BIN/DOMINIKANISCHE_REPUBLIK_HAITI_U.HTM. [Letzter Zugriff: 02.03.2010].

O.A., O.O.: Online im WWW unter URL: http://www.iso-14971.de/risikomanagementprozess-definitionen.htm [Letzter Zugriff: 02.03.2010].

O.A., O.O: Online im WWW unter URL: http://www.wissen.de/wde/generator/wissen/ressorts/bildung/index,page=1202496.html [Letzter Zugriff: 02.03.2010].

http://www.wissen.de/wde/generator/wissen/ressorts/natur/lebewesen/index,page=207712.html (Zugriff am 2.3.2010)

http://www.bmz.de/de/service/infothek/buerger/themen/Desertifikation.pdf

O.O., O.A.: Online im WWW unter URL: http://www.scinexx.de/wissen-aktuell-2863-2005-05-20.html [Letzter Zugriff: 02.03.2010].

O.O., O.A.: Online im WWW unter URL: http://www.klett.de/sixcms/media.php/76/karte_desertifikation.jpg Letzter Zugriff: 02.03.2010].

O.A., O.O.: Online im WWW unter URL: http://www.auswaertiges-amt.de/diplo/de/Aussenpolitik/InternatOrgane/VereinteNationen/Schwerpunkte/VN-Wueste.html [Letzter Zugriff: 02.03.2010].

http://de.wikipedia.org/wiki/S%C3%A9gou [Letzter Zugriff: 02.03.2010].

http://de.wikipedia.org/wiki/Optimal [Letzter Zugriff: 02.03.2010].

O.O., O.A.: Online im WWW unter URL: http://www.afrika-online.com/tschad/sehenswuerdigkeiten/tschadsee/index.html [Letzter Zugriff: 02.03.2010].

http://www.osterinsel-info.de/html/osterinsel1.html

http://www.weltwunder-online.de/fullsize/osterinsel.jpg